幼兒全方位
智能開發

3-4歲

中文篇

中文識字

橙

園丁文化

做得好！ 不錯啊！ 仍需加油！

● 魚兒吹出了很多氣泡。請把它們填上和字對應的顏色。

認字
日、月、風、雨

● 窗外有什麼景色？請根據左邊的字，圈出正確的圖畫。

1.  日

A.  B. C.

2.  月

A. B. C.

3.  風

A. B. C.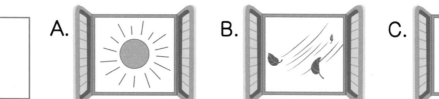

4. 雨

A. B. C.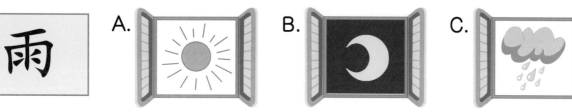

答案：1.B 2.A 3.B 4.C

3

認字
天、地、海、星

● 飛機要起飛了。請沿着路線，把圖畫和正確的文字連起來。

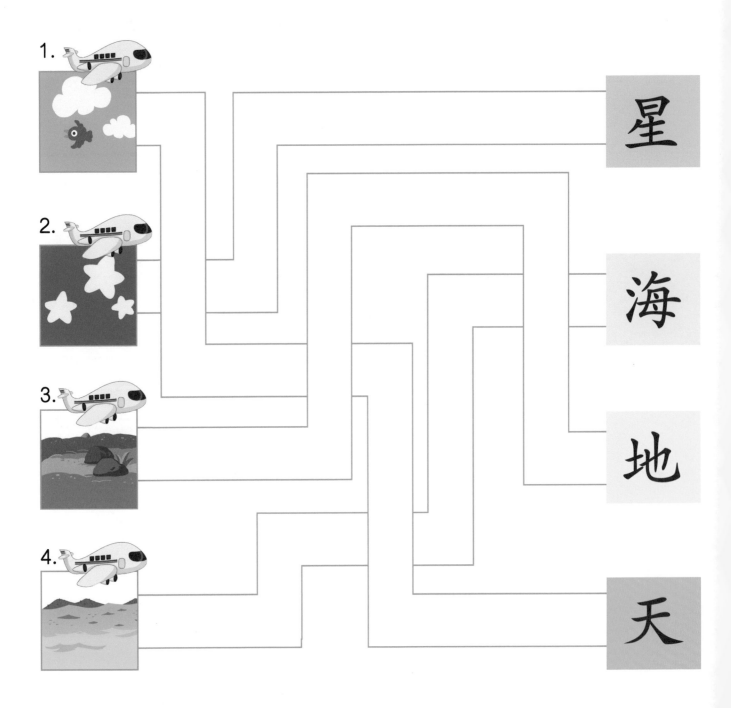

答案：1.天 2.星 3.地 4.海

認字
土、田、木、果

● 小美要去摘水果。請依提示的順序，用線把田裏的字連起來，幫助小美找出正確的路線。

提示： 土 → 田 → 木 → 果

答案：

認字
天、地、海、星

● 花園裏有些什麼？請把字和正確的圖用線連起來。

草　　　花

樹　　　葉

答案：

6

寫一寫
土、木

● 請跟着筆順寫一寫。✏️

筆順：一 十 土

土	土	土		

筆順：一 十 才 木

木	木	木		

認字
眼、耳、口、鼻

● 你認得這些器官的名稱嗎？請把相配的字和正確的器官用線連起來。

耳 •

口 •

• 鼻

• 眼

答案：

認字
頭、身、手、足

● 小丑在玩雜耍球。請沿線連一連，看看這些字的意思。

9

認字
爸爸、媽媽、公公、婆婆

● 小偉為家中長輩各做了一張「家人證」，請幫他在證上圈出正確的稱謂。

1.

公公
婆婆

2.

爸爸
婆婆

3.

爸爸
媽媽

4.

公公
媽媽

● 小朋友，你家裏有哪些人？請把你的家人畫出來吧。

答案：1. 公公　2. 婆婆　3. 爸爸　4. 媽媽

認字
哥哥、姊姊、弟弟、妹妹

● 小偉為他的兄弟姊妹各做了一張「家人證」，請幫他在證上圈出正確的稱謂。

1.

哥哥

姊姊

2.

弟弟

姊姊

3.

弟弟

妹妹

4.

哥哥

妹妹

● 小朋友，請你也來試為家人設計一張「家人證」吧。

認字
男、女、老、幼

● 小達要到圖書館去。請依提示的順序，用線把字連起來，幫助小達找出正確的路線。

提示：男 → 女 → 老 → 幼

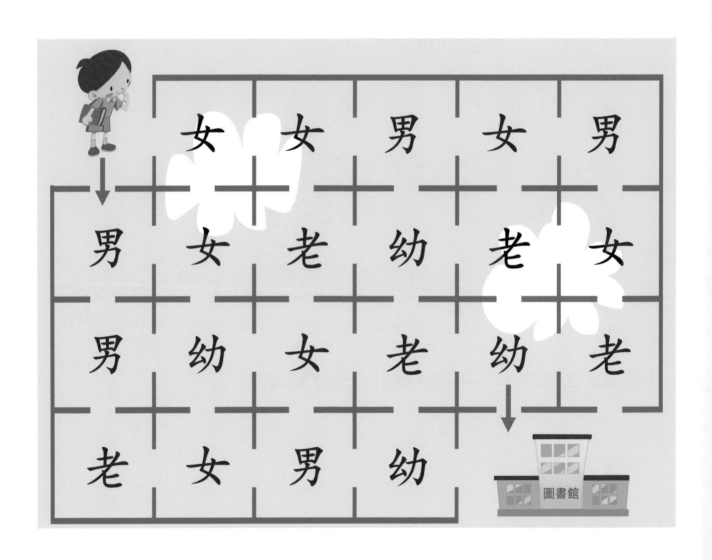

解答：

● 請跟着筆順寫一寫 ✏️

筆順：丶 冂 口

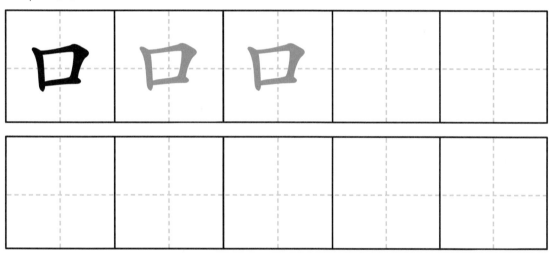

筆順：一 二 三 手

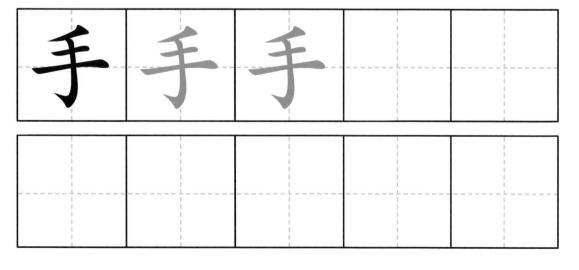

認字
豬、馬、牛、羊

小動物們一起放風箏。請沿線連一連，看看是什麼動物在放風箏？

認字
貓、狗、雞、兔

● 小動物要回家了。請根據動物的名稱，圈出正確的圖畫。

1. 貓   A. B. C.

2. 狗   A.  B.  C.

3. 雞   A.  B.  C.

4. 兔   A.  B.  C.

認字
鵝、鴨、魚、蛙

● 池塘裏長滿了荷葉。請把它們填上和字對應的顏色。

16

認字
虎、象、獅、熊

動物們要乘車去旅行。請用線把字和正確的動物連起來。

1. • 2. • 3. • 4. •

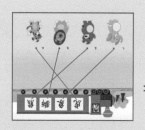

答案：

17

認字
蛇、蟲、鼠、龜

● 春天來了，小動物們從冬眠中醒來。請根據圖畫，圈出正確的字。

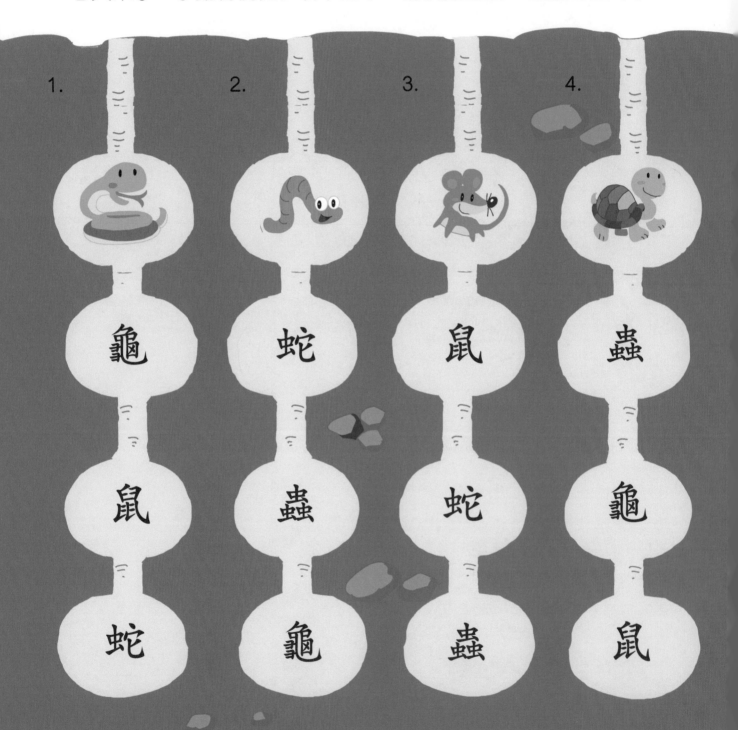

● 請跟着筆順寫一寫。　

筆順：ノ　ト　ヒ　牛

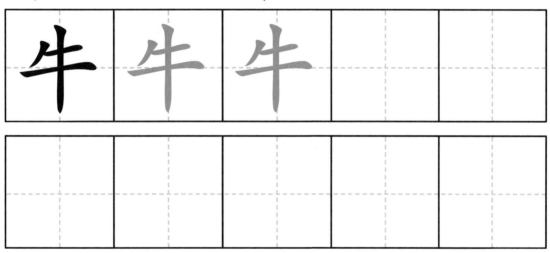

筆順：丶　丷　ゾ　关　兰　羊

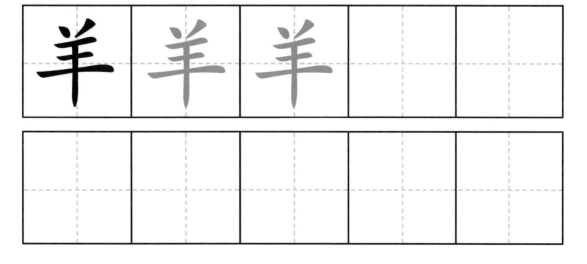

認字

米、豆、瓜、肉

● 貨架上有很多袋食物。請把它們填上和字對應的顏色。

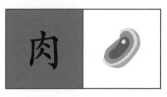

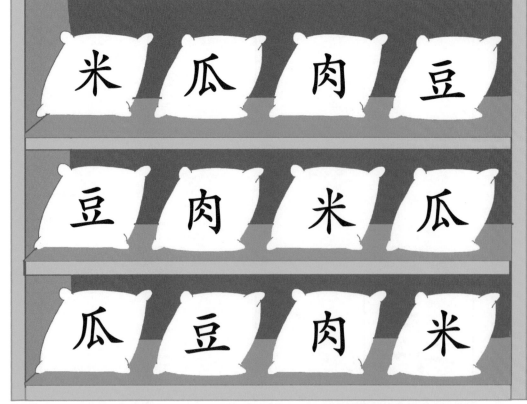

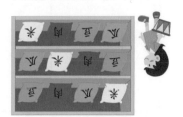

答案：

認字
菜、飯、粥、麵

● 小朋友準備吃午餐了。請沿線連一連，看看他們吃些什麼？

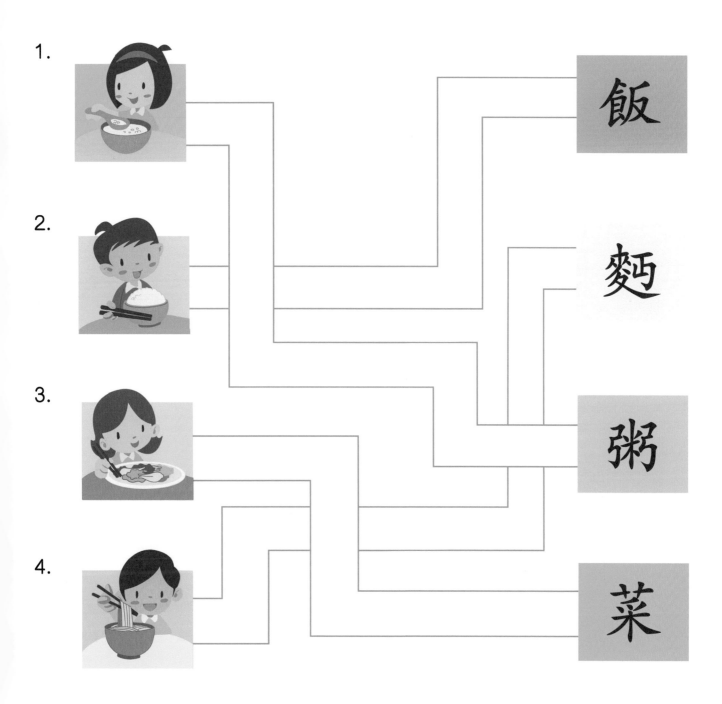

答案：1. 粥 2. 飯 3. 菜 4. 麵

認字
奶、蛋、糕、包

● 餅店裏售賣各種不同的食物。請根據圖畫，圈出正確的字。

1.  A. 蛋 B. 包 C. 奶

2.  A. 奶 B. 蛋 C. 糕

3.  A. 包 B. 糕 C. 蛋

4.  A. 蛋 B. 奶 C. 包

答案：1. 奶 2. 蛋 3. 糕 4. 包

● 食物盒裏有什麼？請根據盒上的字，把放得對的食物圈起來。

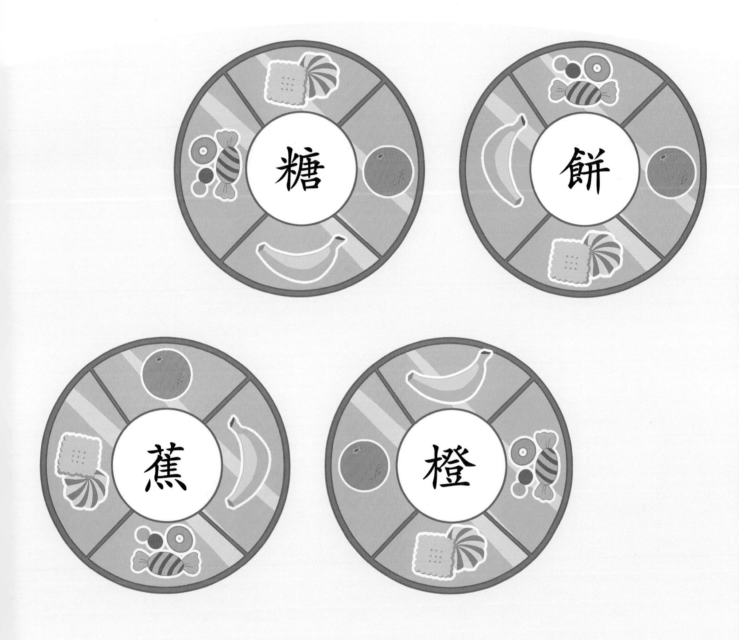

● 小朋友，你最喜歡吃什麼呢？試說一說吧！

答案：

● 小文要收拾餐具。請把圖和正確的字用線連起來。

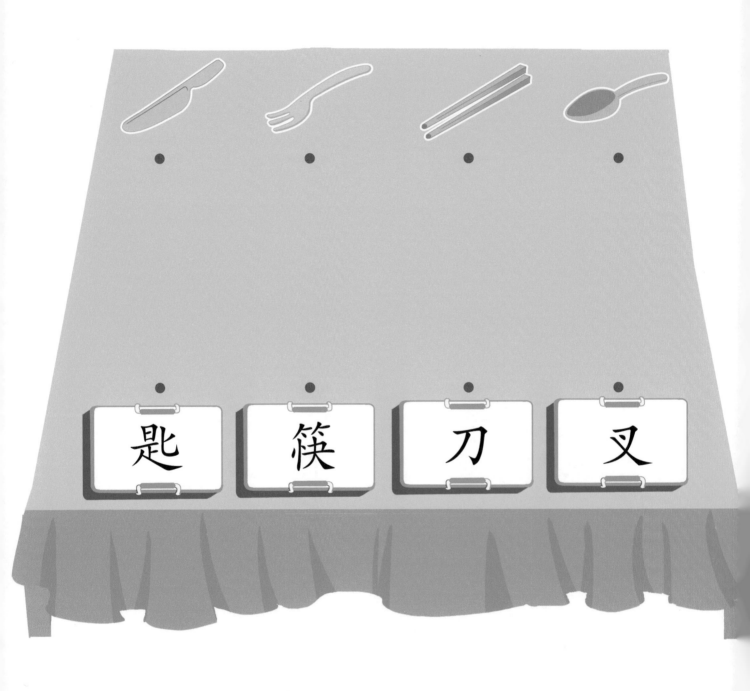

答案：

● 請跟着筆順寫一寫。

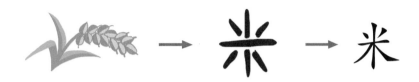

筆順：` ゛ 丷 ⺊ 半 乤 米

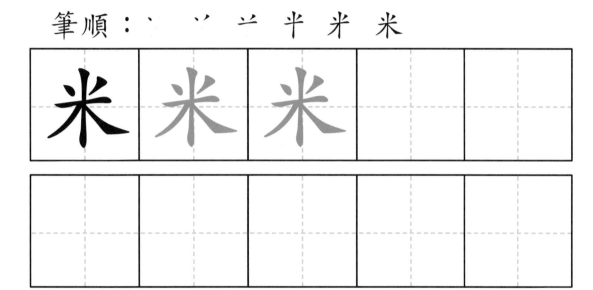

筆順：⺊ 厂 爪 瓜 瓜

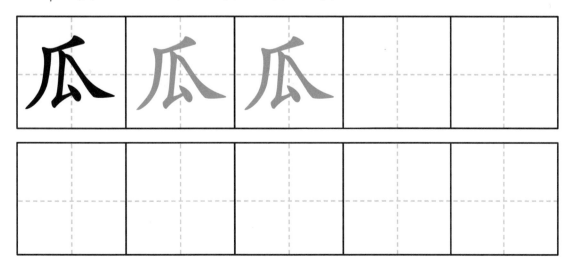

認字
車、球、書、娃

● 小聰在收拾玩具。請沿着路線，把圖畫和正確的文字連起來。

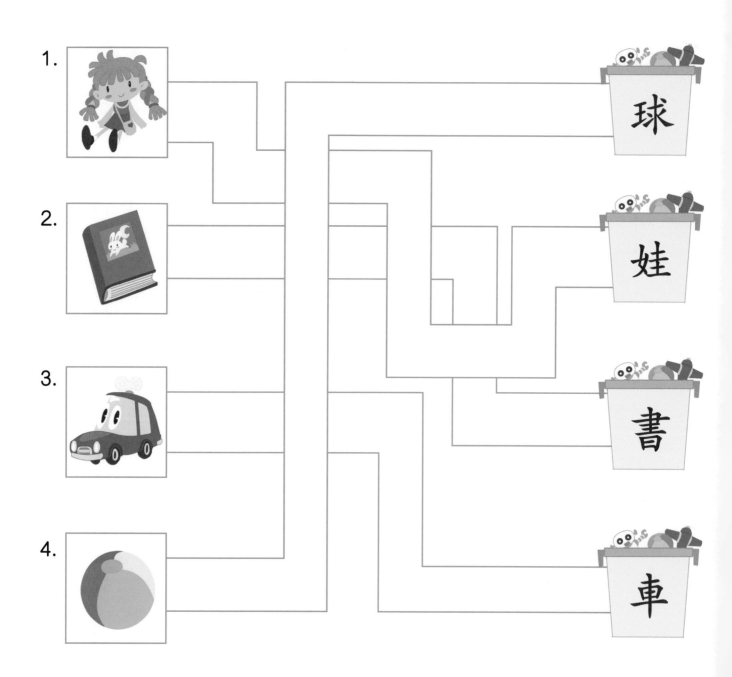

答案：1. 娃 2. 書 3. 車 4. 球

26

認字
衣、褲、鞋、襪

● 小朋友的物品放得對嗎？請把與圖畫相配的字填上顏色。

1.	襪	鞋	衣
2.	衣	褲	鞋
3.	鞋	襪	褲
4.	褲	衣	襪

● 小朋友，當你到郊外行山時，你會穿上什麼服裝呢？試畫出來吧！

答案：1. 衣　2. 褲　3. 鞋　4. 襪

27

認字
裙、帽、袋、傘

● 詩詩準備上街去。請把字和正確的圖用線連起來。

帽

傘

裙

袋

答案：

● 姊姊要梳洗了。請根據左邊的字，圈出正確的物品。

		A.	B.	C.
1.	梳	鏡子	刷	梳子
2.	鏡	牙刷	鏡子	刷
3.	刷	梳子	牙刷	鏡子
4.	巾	刷	梳子	牙刷

● 小朋友，你喜歡怎樣的髮型？試畫出來吧！

● 小兔的屋子正進行翻新。請把屋子外牆的磚塊填上和字對應的顏色。

答案：

寫一寫
巾、衣

● 請跟着筆順寫一寫。

筆順：丨 冂 巾

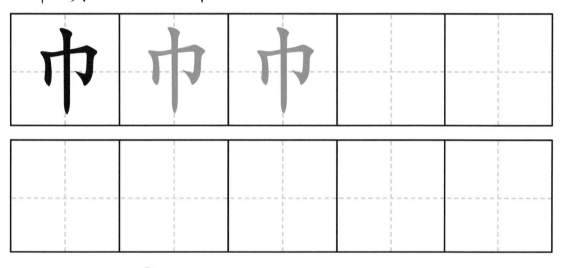

筆順：丶 亠 广 衤 衣 衣

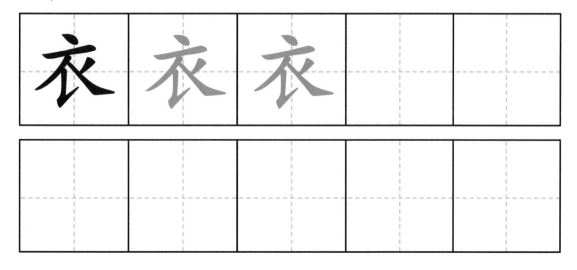

認字

我學會的 100 個字

下面的圖畫各代表什麼字？請在字表中圈起來。

1.
2.
3.
4.

5.
6.
7.
8.

山	水	火	石	日	月	風	雨	天	地
海	星	土	田	木	果	花	草	樹	葉
眼	耳	口	鼻	頭	身	手	足	爸	媽
公	婆	哥	姊	弟	妹	男	女	老	幼
豬	馬	牛	羊	貓	狗	雞	兔	鵝	鴨
魚	蛙	虎	象	獅	熊	蛇	蟲	鼠	龜
米	豆	瓜	肉	菜	飯	粥	麵	奶	蛋
糕	包	糖	餅	蕉	橙	刀	叉	匙	筷
車	球	⑱書	娃	衣	褲	鞋	襪	裙	帽
袋	傘	梳	鏡	刷	巾	門	窗	桌	椅

答案：